低烹　嫩煎　醃漬　酥炸　燉煮

主廚特製增肌減脂雞胸肉料理

CHICKEN BREAST
RECIPE

醣類控制、熱量管理、優質蛋白，
熱愛健身的料理名廚與營養師設計，
保證滿足口腹之慾的 48 道雞胸與雞柳食譜

積木文化

FOREWORD

　　近年吹起的「慢跑風」可不僅是健康潮流，而是成為了一種在日常中養成運動習慣的生活模式。我自己也是不斷找時間全力享受鐵人三項、衝浪、馬拉松、越野長跑等戶外運動的人。

　　在打造理想體魄，或是以某項比賽為目標，日復一日持續練習的過程中，你絕對離不開一件重要的事，就是飲食。你所鍛鍊的身體能不能表現完美，要說關鍵就在飲食應該也不為過。

　　適度運動以及均衡攝取蔬菜、魚、肉、水果等，再加上優質睡眠，可以讓身體維持良好的新陳代謝。而在這些條件中，這次我要介紹的是特別受到健身族群注目的雞胸肉料理。

　　雞胸肉的蛋白質高、卡路里低，是打造結實體魄最佳的食材，而且比其他肉類便宜，堪稱經濟實惠，最近還被證實具有消除疲勞、恢復精神的功效。以恢復因練習而受損的肌肉、使之更強壯的蛋白質來源而言，大概沒有比雞胸肉更好的選擇了。

　　只可惜雞胸肉予人口感乾柴、不太好吃的印象，能變化的菜色也不多，不少人只是為健身而勉強下嚥，大概難以持之以恆吧。最近雖能在便利商店買到熟食雞肉，但既然要持之以恆，自己嘗試做做看會更有趣。

　　在法式料理界，雞胸肉是比雞腿肉更美味的食材，且法國人稱雞胸肉為「supreme」，原意是「最棒的」、「至高無上的」。本書介紹的各種調理方式，就是運用獨到秘訣、技巧，充分展現出雞胸肉的美味。

　　這些食譜若能幫助正在健身的朋友，讓大家每天都能輕鬆做出變化豐富又可口的雞胸肉料理，將是我至高無上的榮幸。

OGINO 餐廳主廚
萩野 伸也
2016 年 10 月

CONTENTS

食譜使用規則

❶　雞胸肉每一片的重量基準為：帶皮 300g、
　　去皮 250g。

❷　材料基本上為 2 人份，完成圖有時僅拍攝
　　1 人份。

❸　營養計算無特別標示者，以 1 人份計算。

❹　奶油全部使用無鹽奶油。

身體可以越來越強壯！

——荻野的健身日誌

正式開始健身是 30 歲的時候。怒放完 20 歲青春，我想展開新生活，於是和店裡的客人一起開始了「跑步」的生活。當時慢跑已經蔚為風潮，但我不喜歡和別人一樣，所以進而選擇了「鐵人三項」。

持續鐵人三項的訓練已經八年多了，如今，每年六月舉辦的長距離賽「長崎五島國際鐵人三項大賽」是我的主要賽事。這場比賽要花 12 ～ 13 小時，至於距離多長呢？請想像一下，就是從我餐廳所在的世田谷區池尻大橋游泳到港區西麻布的交差點，再從那裡騎自行車到靜岡縣的濱松，然後從濱松跑到愛知縣的豐橋，是一場需要肌肉、心肺功能與耐力的比賽。

順帶一提，我每年的紀錄可是都有在進步喔！據說只要加以鍛鍊，60 歲以後身體仍會越來越強壯。我現階段的目標是突破目前的 11 小時紀錄。

荻野的一天

**請告訴我們
你從起床到就寢的作息**

每日生活繞著工作打轉。週二至週五僅晚間營業，準備或洽公空檔可以抓緊時間訓練，週末二日及假日自午間開始營業，週一公休。

週二～週五 `工作` 僅晚間營業

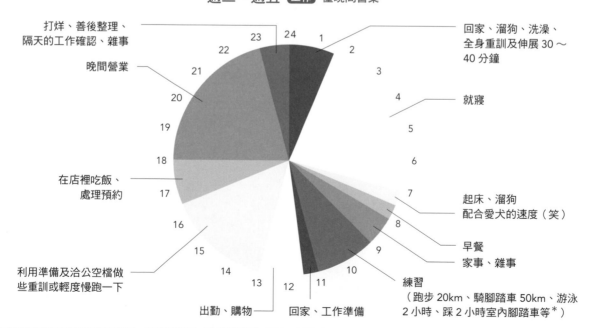

打烊、善後整理、
隔天的工作確認、雜事

回家、溜狗、洗澡、
全身重訓及伸展 30 ～
40 分鐘

晚間營業

就寢

在店裡吃飯、
處理預約

起床、溜狗
配合愛犬的速度（笑）

早餐
家事、雜事

利用準備及洽公空檔做
些重訓或輕度慢跑一下

練習
（跑步 20km、騎腳踏車 50km、游泳
2 小時、踩 2 小時室內腳踏車等＊）

出勤、購物

回家、工作準備

＊在室內利用單車訓練台多少有點吵，但和路騎不同，不必等紅綠燈，可以一直踩下去。

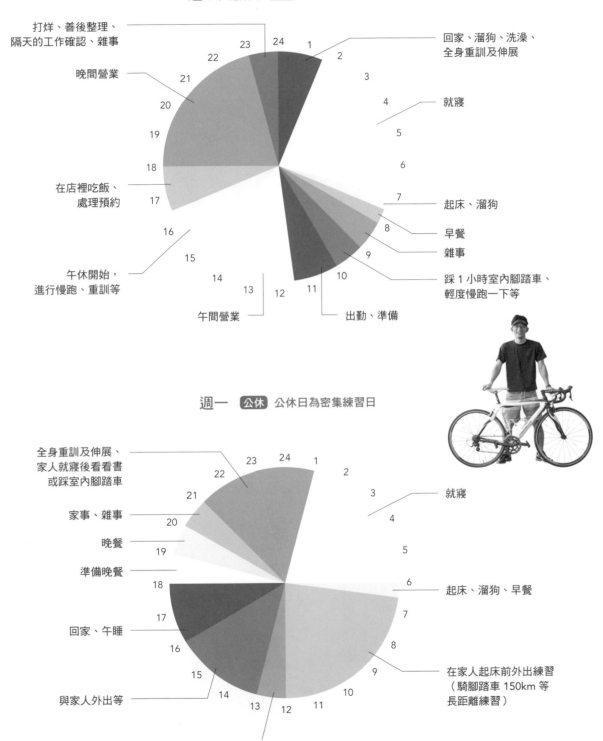

週末與假日 工作 自午間開始營業

打烊、善後整理、隔天的工作確認、雜事

晚間營業

在店裡吃飯、處理預約

午休開始，進行慢跑、重訓等

午間營業

回家、溜狗、洗澡、全身重訓及伸展

就寢

起床、溜狗

早餐

雜事

踩 1 小時室內腳踏車、輕度慢跑一下等

出勤、準備

週一 公休 公休日為密集練習日

全身重訓及伸展、家人就寢後看看書或踩室內腳踏車

家事、雜事

晚餐

準備晚餐

回家、午睡

與家人外出等

就寢

起床、溜狗、早餐

在家人起床前外出練習（騎腳踏車 150km 等長距離練習）

回家、簡單午餐（以極少量的義大利麵、麵包等碳水化合物為主）

請問你都參加怎樣的比賽？

我主要是參加長距離的「長崎五島國際鐵人三項大賽」。

鐵人三項有距離之別，我一開始就挑戰距離最長的那一種，包括游泳 3.8km、騎自行車 180.2km、跑步 42.2km，限時 15～17 小時。

我也曾參加過山徑越野賽跑、100km 馬拉松，將來想參加超過 100km 的越野賽跑。

比起爭取時間和名次，我更喜愛的是這種挑戰自我極限的耐力運動。過程很苦，但只要持續就會進步，未達成目標時懊悔的心情是我前進的動力。

比賽前如何調配飲食及營養？

賽前四個月開始，我會以碳水化合物為主，並多攝取蛋白質及維生素；到了賽前二個月，蛋白質和維生素的攝取量則要比碳水化合物多。

賽前一個月起，多攝取脂肪和碳水化合物以強化耐力。

賽前二～三天避免生食及肉類，為了減輕腸胃負擔，要多攝取蔬菜及碳水化合物。腸胃狀況欠佳，比賽中就不能進行補給了。

比賽當天早上，我會間歇性的補充醣類，例如先吃米飯，再吃麻糬、麵包等碳水化合物，待消化後就能轉換成比賽時的能量。比賽是一大早開始，因此我會半夜三點後開始吃。

賽程中我會一路帶著滿滿一壺有機蜂蜜和能量果膠當作補給，途中再補充礦物質和鎂以預防抽筋、脫水，也會攝取餅乾、可樂等能讓血糖值一舉飆高的即效性補給品。去掉一點汽泡的高甜度汽水挺不錯（氣泡太多不容易喝），但可樂最適合我。

長距離的鐵人三項，我會仔細計算熱量，從一早起共要攝取 7,000 ～ 8,500kcal，要是攝取不足，最後的馬拉松過 25km 後可能會暈倒，因此我會確實一點一點補充能量。

賽前六個月正式展開練習。其他時期，我都是一週跑步 4 ～ 5 小時，或是參加越野長跑。

【六個月前】

為了配合每年六月的比賽，大約過完年我便開始慢慢鍛鍊身體，三月以前會做低強度的長時間練習。這段時期主要是幫身體打基礎，每週練習 7 ～ 8 小時，大致平日每兩天練習一次、每次一小時，放假則練習 3 小時。

平日花一小時在家附近輕度慢跑或是在家踩腳踏車，或者不間斷地游泳一小時。放假則跑步 20km 或騎車 70 ～ 80km。

鍛鍊時，我一概不聽音樂，都是邊跑邊想事情，也可以說是用能夠思考事情的強度進行練習，大致是肌肉不會疲痛的程度。

【二～三個月前】

三月後半到四月，我會稍微增加強度、距離和時間，一週鍛鍊 12 小時左右。幾乎天天跑步或騎車 1 ～ 2 小時，且會特別注意心跳次數。有時跑步往返池尻到池袋，

有時在一小時內往返特定地點，都是以一定的強度（速度）進行。

放假的話，主要是從上午開始騎車100～120km。我在湘南有間餐廳，會騎到那裡再回來，有時會騎過八王子，直到相模湖或奧多摩再回來，強度也提高一些，幾乎無法同時想其他事情。

難得休假卻都在做辛苦的練習，感覺頭殼壞去，所以我會以目的地周邊的美食當犒賞而努力衝刺。此時我多半選拉麵、漢堡這類高熱量食物當作犒賞，很有趣吧？身體果然騙不了人。

當然，吃完美食，我得再次原路折返……。

【一個月前】

到了賽前一個月，也就是五月～六月初，我會再提高強度，進入長時間的衝刺期，睡眠也會每天減少2～3小時。

此時我會雙管齊下進行訓練，跑步15km後騎車40km，或是騎車70km後跑步10km，速度也提高到比賽的強度，主要看平均時速和心跳次數，跑步是1km跑5分鐘半，騎車是時速30km、平均心跳數要達到145～155下。這段時期的訓練很累。

同時，為了提高最大心跳數，我還會加進高強度的間歇訓練，例如200m衝刺或坡道衝刺，騎車的話，就將訓練台的負荷調到最大，全力衝刺，更是累得半死。

要是回愛知老家，有時我會騎車到登山口，然後換穿跑步鞋，跑到山頂再沿著稜線跑。總之，就是跑到極限、跑到筋疲力竭。

每週進行這種有緩有急的訓練14～16小時，就能一舉提高心肺功能和耐力、腳力和肌力。

這時的強度是隔天會肌肉痠痛的程度。肌肉痠痛是肌肉組織遭破壞的證據，因此從事對身體太溫和的練習是不行的。這幾年我只要隔天肌肉痠痛就會有點開心，心想原來身上還有肌肉可以變得更強啊。

體脂肪率也降到個位數，飲食上要非常注意。由於肌肉受到很大的傷害，飲食上

我會大量攝取以雞胸肉為主的蛋白質，讓受損肌肉可以順利復原，充分消除疲勞。

長距離的耐力運動，應該要有一點體脂肪，耐力才會比較持久，但我的狀況是體脂肪一直往下掉，所以必須用心透過飲食及補給來補充脂肪和醣類。

【一週前】

賽前一週，我會慢慢調降強度，消除疲勞，飲食上留意多攝取脂肪和碳水化合物以儲存能量。幾乎不做練習，僅伸展而已。

雖說要注意飲食，但我因為工作關係，可以說一天到晚都在吃。因此基本上是一天兩餐，早餐是穀類、優格加上大量水果，再配一杯咖啡。

傍晚吃店裡的伙食，我會請負責的同仁烹煮如本書所介紹的雞胸肉料理，然後大吃特吃。

請問你平時除了健身如何保養身體？

最重要的是不累積壓力。這點因為工作關係比較難做到，這種時候，我會強迫自己做放空腦袋的練習。

每天作息規律也很重要。我不喝酒，下班後的飲酒聚會一概不參加；不論上不上班，起床和睡覺時間都盡量固定，不過放假是我鍛鍊的日子，所以多半比較早起。

最後是要提升睡眠品質。為此，一天結束時要讓自己筋疲力盡，我的話，和愛犬相擁入睡是一夜好眠的祕訣。

荻野的飲食日誌

1978 年出生於愛知縣。
身高 172cm，體重 62km，體脂肪率約 12%。
一天僅吃兩餐：早上 7 點半的早餐及下午 4 點半的
店內伙食。

早餐

每天都相同，穀類（添加糙米、五穀等）、無
糖優格、咖啡、當令水果，份量偏多。早餐之
後除了工作上的試吃，直到傍晚一概不吃。

平時的早餐
（穀類、水果、優格、咖啡）

晚餐

每天都在店內吃飯，假日在家基本上是一菜一
湯外加一道主菜，飯量每餐約 2 碗。

1

茄汁墨魚、薑黃飯、酪梨＋番茄的凱薩沙拉、
水果優格

2

螞蟻上樹、雞胸肉＋水茄子佐香蔥酸
桔醋、蛋花湯、白飯

3

鷹嘴豆肉末咖哩＋荷包蛋、優格拌蘋
果、鮮蔬沙拉

4

炒飯、海帶芽湯、芙蓉蛋、雞胸肉棒
棒雞

5

咖哩烏龍麵、青紫蘇葉＋茗荷拌飯、
鮮蔬沙拉

美味的雞胸肉！

　　雞胸肉是雞肉代表性的部位，兩側為雞翅，裡面有雞柳。

　　從前大家都喜歡滋味濃郁的雞腿肉，但最近科學證明雞胸肉所含的「咪唑二肽化合物」明顯具有消除疲勞功效，雞胸肉便突然間紅了起來。

　　進入料理篇之前，我們先來複習一下雞胸肉的魅力吧。

神奇的力量

高蛋白質、低卡路里，運動員必吃。
富含「咪唑二肽化合物」，具有消除疲勞功效。

經濟實惠

價格便宜，一年到頭隨處買得到。只要事先做成鮮嫩雞胸肉或涮雞胸肉片，三兩下便可輕鬆上桌。

清淡好滋味

味道清淡吃不膩。本書將介紹用雞胸肉取代米飯、義大利麵等碳水化合物的作法。當然，它還能變化多種風味！

去皮就能降低熱量

去皮就能一併去掉皮下脂肪，熱量瞬間大減。

用手一撕便能輕鬆去皮。請將皮保留下來，水煮鮮嫩雞胸肉時可派上用場。

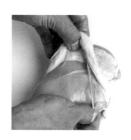

雞胸肉的纖維方向左右不同。本書使用去皮雞胸肉，食譜上的份量標準如下：

雞胸肉 1 片　**300 g**　　去皮後　**250 g**

什麼是「咪唑二肽化合物」？

「咪唑二肽化合物」（Imidazole dipeptide）是含有咪唑基的二肽的總稱，由組胺酸（histidine）和 β- 丙胺酸（β-alanine）二種胺基酸組成。特色是構造簡單而容易被人體吸收。肌肽（carnosine）和甲肌肽（anserine）都是「咪唑二肽化合物」。

為什麼「咪唑二肽化合物」會受到注目呢？這是因為科學證明「咪唑二肽化合物」具有抗氧化作用、修復傷口作用、恢復因運動而下降之 pH 值的緩衝作用等，進而有消除疲勞、提升耐力的功效。根據日本厚生勞動省的調查，日本就業人口中，約六成感到疲勞，其中更有半數為長達半年以上的慢性疲勞所苦。消除疲勞的研究方興未艾。

我們平常吃的食材中也含有「咪唑二肽化合物」，第一名便是雞肉。首先，依部位分析成份：

■雞肉 100g 的成份比較

	熱量（kcal）	蛋白質（g）	脂肪（g）	咪唑二肽化合物（mg）	
				肌肽	甲肌肽
雞腿肉（去皮）	127	19.0	5.0	88	411
雞胸肉（去皮）	116	23.3	1.9	161	769
雞柳	105	23.0	0.8		
絞肉	186	17.5	12.0		

比起雞腿肉，雞胸肉和雞柳的蛋白質高、熱量低，因此最適合當成增長肌肉的食材。考量到雞柳脂肪成份少而容易乾柴，以及價格較貴，相較之下雞胸肉更加經濟實惠。此外，雞胸肉的「咪唑二肽化合物」含量約為雞腿肉的二倍，且多含在肉裡，因此可以去掉皮和脂肪，如此一來還能減少 40% 的熱量。將雞胸肉做成絞肉，或是冷凍、加熱，效果皆不會改變，它的營養還能溶進湯汁裡，可以善加利用。一般市售的絞肉多包含皮與脂肪（上表測量的是肥瘦混合的絞肉）。

很重要的一點是，「咪唑二肽化合物」要持續攝取才能發揮消除疲勞的功效。除了雞肉，豬肉、牛肉、鰹魚、鮪魚、鮭魚裡也富含「咪唑二肽化合物」，請勿偏食。

（營養師 山下圭子）

■「咪唑二肽化合物」含量（mg/100g）

	咪唑二肽化合物	
	肌肽	甲肌肽
豬肉	458	34
牛肉	405	143
鰹魚	66	1228
鮪魚	+	656
鮭魚	48	613

＊「+」表示微量。

＊以上圖表的「咪唑二肽化合物」含量由阿部宏喜（海鮮生化學研究所負責人、東京大學榮譽教授）提供。

疲勞退散！每天都要吃
雞胸肉料理

自製鮮嫩雞胸肉！

在家也能自製日本超商的人氣商品「即食鮮嫩雞胸肉」（サラダチキン）。方法超簡單，將雞胸肉放入水中加熱即可。水滾後熄火直接放涼，用餘熱慢慢煮熟，肉質便會嫩到不可思議。

調味清淡，可以變化成各種菜色，怎麼吃都不膩。事先一次煮起來，三兩下就能完成一道料理。

由於雞胸肉脂肪少，又沒腥味，可代替義大利麵、米飯等碳水化合物，相信減醣一族肯定樂翻。就用自製鮮嫩雞胸肉製作美味減醣料理吧。

材料

雞胸肉*…300g×2 片
青蔥的蔥綠部分（切段）…2 根份（50g）
薑（切成薄片）…20g
鹽…6g
水…1L

＊帶皮雞胸肉基本上是 300g，去皮後約為 250g。

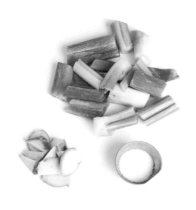

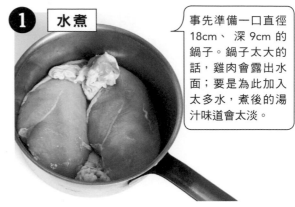

① 水煮

事先準備一口直徑 18cm、深 9cm 的鍋子。鍋子太大的話，雞肉會露出水面；要是為此加入太多水，煮後的湯汁味道會太淡。

鍋中放入雞胸肉及去掉的皮。請準備大小剛好的鍋子。

④

開火加熱，可以直接開大火。

⑦

直接放涼至常溫。

沸騰後熄火

蛋白質	熱量	醣類
58.3 g	290 kcal	0.3 g

加水，放入鹽巴調味。要確實讓雞肉浸泡在水裡。

放入雞皮會有一點雞腥味，因此用蔥薑來去腥。想做成西式口味時，可以改放胡蘿蔔、洋蔥、芹菜、巴西里等。

放入青蔥和薑。

水滾後立即熄火。

有時雞肉會黏在一起，可用湯匙攪開。

將雞胸肉連同煮汁裝入密封容器中。待完全放涼後進冰箱冷藏，可保存 5 天左右。

POINT

製作冷盤時，把雞肉從煮汁中取出，切或撕成適當大小即可。若用於熱菜，切或撕成小塊後，放進熱湯中立即熄火。用餘溫加熱就好，避免再次烹煮。

雞胸肉火腿熱壓三明治

蛋白質	熱量	醣類
29.0 g	853 kcal	42.3 g

熱熱的最好吃，但放涼再吃也很可口，所以也適合帶便當。

材料：1 人份

自製鮮嫩雞胸肉
（P.16 ／切成 5mm 薄片）…50g
吐司（薄片，厚 1.5cm）…2 片
番茄（切成 5mm 圓片）…50g
易融起司…2 片
羅勒葉…4 片
橄欖油…3 大匙＋ 2 大匙

作法

❶ 將番茄、鮮嫩雞胸肉、羅勒葉、起司依序疊在吐司上，再蓋上另一片吐司。

❷ 平底鍋中放入 3 大匙橄欖油，以小火加熱，放入❶的三明治，從上往下按壓煎烤。

> 可用鍋鏟按壓，或把鍋子等重物放在調理盤上，然後壓在吐司上面。

❸ 待吐司煎成金黃色，用鍋鏟翻面，再放入 2 大匙橄欖油。

❹ 待吐司煎成可口的金黃色且熱透了即可。烤好後裡面的起司也已經融化了。

薄荷芝麻風味
雞胸肉棒棒雞沙拉

鮮嫩雞胸肉不要用菜刀切，
用手撕更容易裹上醬汁。

蛋白質	熱量	醣類
25.5 g	417 kcal	13.1 g

材料：2人份

自製鮮嫩雞胸肉（P.16）…120g
小黃瓜（切成條狀）…1 根份
紅椒（切成條狀）…80g（½ 個）
棒棒雞的醬汁
　鮮嫩雞胸肉的煮汁…150cc
　炒白芝麻…100g
　大蒜…10g（1 瓣）
　薑…15g
　醬油…1 大匙
　砂糖…10g
薄荷葉…適量

作法

❶ 準備棒棒雞的醬汁：將材料全部放進果汁機中，打至呈滑順狀。

❷ 用手撕開鮮嫩雞胸肉。將小黃瓜和紅椒切成條狀。

❸ 將❷放入調理盆中，拌入❶的醬汁即可盛盤。擺上大量的薄荷葉，滋味更清爽。

西班牙冷湯醬拌
鮮嫩雞胸肉

水份多的醬汁容易油水份離，因此請拌好後立即享用。
沒有魚露的話，就用 2 小撮鹽代替。

蛋白質	熱量	醣類
24.4 g	156 kcal	4.2 g

材料：2人份

自製鮮嫩雞胸肉（P.16）…200g
西班牙冷湯醬
　番茄（大顆）…250～300g（1個）
　洋蔥…40g（¼ 個）
　大蒜…10～15g（1 瓣）
　芹菜…30g
　紅椒…40g（¼ 個）
　小黃瓜…1 根
　吐司邊（薄片，厚 1.5cm）
　　…½ 片份
　醋…1 大匙
　橄欖油…1 大匙
　魚露…10g
　TABASCO 辣椒醬（有的話）
　　…2～3 滴

作法

❶ 將鮮嫩雞胸肉撕成大片。

❷ 將西班牙冷湯醬的材料全部放進果汁機中，打至呈滑順狀。

❸ 鮮嫩雞胸肉淋上 150g 的西班牙冷湯醬拌勻即可享用。

自製鮮嫩雞胸肉
佐藜麥、芒果、
鮮蔬沙拉

芒果的香甜是關鍵。
還用了最近很夯的藜麥。
至於搭配的蔬菜，
只要能生吃的都行，
水茄、芹菜是最佳選擇。

蛋白質	熱量	醣類
25.7 g	399 kcal	44.9 g

材料：2 人份

自製鮮嫩雞胸肉（P.16）…150g
藜麥…100g
小黃瓜（5mm 小丁）…1 根份
紫洋蔥（5mm 小丁）…80g（1 個）
紅、黃椒…各 80g（各 ½ 個）
芒果（5mm 小丁）…100g（½ 個）
橄欖油…2 大匙
醋…1 大匙
鹽…1 小匙
胡椒…適量

作法

❶ 將鮮嫩雞胸肉撕成大片。

❷ 藜麥放入熱水中煮 7 ～ 8 分鐘，
一顆顆爆開後用濾網撈起放涼。
100g 的藜麥會膨脹成 130g。

❸ 將鮮嫩雞胸肉、藜麥、蔬菜、芒
果放入調理盆中，再加入橄欖
油、醋、鹽、胡椒調味即完成。

義式烤甜椒風味

醃漬自製鮮嫩雞胸肉

蛋白質 **24.1** g　熱量 **224** kcal　醣類 **4.1** g

這道醋漬冷盤很適合當常備菜。拌入義式烤甜椒後冷藏 3 天，甜椒的甜味會慢慢滲入整道菜中。

材料：2 人份

自製鮮嫩雞胸肉（P.16）…200g
義式烤甜椒
　彩椒（紅、黃、綠）…各 1 個
　番茄（中型，1cm 小丁）…1 個份
　綜合調味料
　　鹽…1 小匙
　　胡椒…適量
　　醋…2 大匙
　　橄欖油…4 大匙
　　大蒜…10g
　　（磨成泥或切碎）
羅勒葉…適量

作法

❶ 準備義式烤甜椒：首先將三色甜椒的表面用瓦斯爐（直火）烤到焦黑。

❷ 在流水下剝皮，切成 1cm 寬。

❸ 混合甜椒和番茄，拌入綜合調味料，靜置 15 ～ 30 分鐘（或一晚），入味後即完成義式烤甜椒。

❹ 將鮮嫩雞胸肉撕成和甜椒差不多大，加入 200g 的義式烤甜椒與撕碎的羅勒葉拌勻。

蛋白質 **29.4** g　熱量 **337** kcal　醣類 **14.5** g

西西里燉茄風味

醃漬自製鮮嫩雞胸肉

用無腥味的鮮嫩雞胸肉取代義大利麵，再拌入義大利麵醬汁，就是減醣的義式料理了。

材料：2 人份

自製鮮嫩雞胸肉（P.16）…200g

西西里燉茄

　洋蔥（1cm 小丁）…½ 個份

　大蒜（切碎）…10g（1 瓣）

　茄子（切成厚 2cm 的圓片）…3 根份

　整顆番茄罐頭…400g（1 罐）

　橄欖油…2 大匙

　鹽、胡椒…各適量

帕瑪森起司…1 大匙

羅勒葉…5 ～ 6 根份

作法

❶ 先做西西里燉茄：平底鍋中放入橄欖油，用小火拌炒洋蔥和大蒜。

❷ 洋蔥炒透後放入茄子，讓表面均勻沾裹上油。接著將番茄捏碎加入鍋裡，轉大火翻炒。

❸ 翻炒的同時水份也會跟著蒸發，將茄子慢慢炒熟。放入鹽和胡椒，繼續炒 5 ～ 6 分鐘後熄火放涼。

❹ 將鮮嫩雞胸肉撕成大片，和❸的西西里燉茄混合在一起。

❺ 盛盤，撒上羅勒，再撒上帕瑪森起司。

自製鮮嫩雞胸肉
生春捲

下點工夫做成南洋風口味，
可以用手拿著吃，
所以很適合當派對小點。

蛋白質	熱量	醣類
7.7 g	88 kcal	1.2 g

＊以 1 條份計算

材料：2 條份

自製鮮嫩雞胸肉（P.16）…30g×2 條份

米紙…2 張

韭菜…2 根

薄荷…6 枝

香菜…6 枝

紅椒（切成條狀）…2 條

甜辣醬…適量

作法

❶ 將米紙攤在打濕的毛巾上，用噴霧器噴水使之回軟。

❷ 將韭菜、薄荷、香菜、紅椒、撕成細條狀的鮮嫩雞胸肉放在❶上面，捲起來。

❸ 切成方便食用的大小，附上甜辣醬。

青木瓜沙拉風味

蛋白質	熱量	醣類
13.1 g	278 kcal	47.3 g

越式三明治夾自製鮮嫩雞胸肉

青木瓜沙拉是經典泰式沙拉，但青木瓜不易取得，
所以這裡用胡蘿蔔和蘿蔔代替。醃漬一晚會更美味。

材料：2 人份（圖為 1 人份）

自製鮮嫩雞胸肉（P.16）…200g
泰式沙拉
　胡蘿蔔（切成條狀）…200g（1 根）
　蘿蔔（切成條狀）…200g
　砂糖…1 大匙
　醋…2 大匙
　魚露…1 大匙
香菜…適量
法國長棍麵包

作法

❶ 製作泰式沙拉：將胡蘿蔔和蘿蔔放入調理盆中混合，再
　將其他調味料全部放入拌勻。

❷ 靜置 1 ～ 2 小時使之入味。放一晚會更好吃。

❸ 將法國麵包從中剖開不切斷，打開後將❷的沙拉、撕成
　大片的鮮嫩雞胸肉、香菜夾進去即可。

泰式涼拌風味
自製鮮嫩雞胸肉
冬粉沙拉

這道酸酸的涼拌冬粉，
是著名的泰國小吃。
雞胸肉加了檸檬後效果升級，
味道也更清爽。

蛋白質	熱量	醣類
19.4 g	298 kcal	21.3 g

材料：2人份

自製鮮嫩雞胸肉（P.16）…150g

冬粉…30g

紫洋蔥（沿纖維切成薄片）…50g

胡蘿蔔（沿纖維切成薄片）…50g

芹菜（斜切成薄片）…50g

大蒜（切碎）…10g（1瓣）

調味料

　魚露…20g

　砂糖…1小匙

　橄欖油…2大匙

　檸檬汁…1個份

　胡椒…適量

香菜…適量

作法

❶ 冬粉泡熱水3分鐘回軟，洗淨後瀝乾。

❷ 將蔬菜、冬粉和撕開的鮮嫩雞胸肉混合在一起，再放入調味料拌勻。

❸ 可立即享用，亦可保存2～3天。盛盤前先拌一下，再加上香菜即可。

自製鮮嫩雞胸肉

通心粉優格沙拉

檸檬新鮮的酸味搭配上優格沉穩的酸味是這道沙拉的特色。做好如果沒有馬上吃，水份會分離出來，通心粉會像瑞可塔起司一樣變得硬硬的，因此請充分攪拌，乳化後再享用。

蛋白質	熱量	醣類
26.2 g	447 kcal	41.9 g

材料：2人份

自製鮮嫩雞胸肉（P.16）…150g

通心粉（沙拉用）…100g

橄欖油…2 大匙

大蒜（磨成泥）…10g（1 瓣）

優格（無糖）…120g

檸檬汁…1 個份

鹽…½ 小匙

黑胡椒…適量

薄荷葉…5 枝份

作法

❶ 通心粉煮熟後用冷水沖洗冷卻，再拌入橄欖油。

❷ 撕開鮮嫩雞胸肉，和通心粉拌在一起。

❸ 將其他材料全部放入拌勻即完成。

檸檬醃魚風味

自製鮮嫩雞胸肉

蛋白質 25.8 g 　熱量 377 kcal 　醣類 14.9 g

檸檬醃魚（ceviche）是祕魯和墨西哥的著名料理，一般是使用新鮮魚類，
但我改用自製鮮嫩雞胸肉入菜。多擠一點萊姆汁，就是一道爽口的沙拉。

材料：2人份

自製鮮嫩雞胸肉（P.16）…150g

紫洋蔥（沿纖維切成薄片）…1個份

紅椒（縱向切絲）…1個份

小番茄（切成 ¼ 半月形）…5個份

萊姆汁（沒有的話就用檸檬汁）…2個份

魚露…1大匙

砂糖…1小匙

橄欖油…4大匙

香菜（或薄荷）…適量

作法

❶ 將鮮嫩雞胸肉撕成大片。

❷ 紫洋蔥、紅椒、小番茄和鮮嫩雞胸肉放進調理盆中拌勻。

❸ 倒入萊姆汁、魚露、砂糖、橄欖油調味即完成。可加香菜提味。

> 可以現做現吃，但冷藏 1～2 晚更美味。

越南河粉風味

自製鮮嫩雞胸肉湯

利用鮮美的鮮嫩雞胸肉煮汁來煮湯。以鮮嫩雞胸肉取代河粉，可降低醣類含量，當然，加麵也無妨。
可隨喜好加點香菜和萊姆。

蛋白質	熱量	醣類
15.8 g	90 kcal	3.0 g

材料：2人份

自製鮮嫩雞胸肉（P.16）…120g

豆芽菜…100g

鮮嫩雞胸肉的煮汁…360cc

大蒜（磨成泥或切碎）…1 小匙

魚露…1 大匙

砂糖…1 小匙

黑胡椒…適量

作法

❶ 將鮮嫩雞胸肉的煮汁倒入鍋中加熱。沸騰後用大蒜、魚露、砂糖調味。

❷ 放入豆芽菜，再次沸騰後放入撕成細條狀的鮮嫩雞胸肉，立刻熄火即大功告成。享用前撒上黑胡椒提味。

培根蛋麵風味

自製鮮嫩雞胸肉炒蛋

將蛋炒成糊狀。不小心炒得太熟時，也別有一番美味。

蛋白質	熱量	醣類
42.7 g	378 kcal	6.0 g

材料：2人份

自製鮮嫩雞胸肉（P.16）…200g

洋蔥（逆著纖維切成薄片）…100g

蛋…3 個

帕瑪森起司…40g

白葡萄酒…50cc

鮮嫩雞胸肉的煮汁…50cc

牛奶（或液態鮮奶油）…50cc

鹽…½ 小匙

黑胡椒…多量

作法

❶ 將鮮嫩雞胸肉撕成大片。

❷ 蛋、帕瑪森起司、鮮嫩雞胸肉的煮汁、牛奶、鹽放入調理盆中拌勻，再加入❶的鮮嫩雞胸肉。

❸ 平底鍋中不放油，直接放入洋蔥和白葡萄酒，用大火加熱。

❹ 待洋蔥變軟、水份收乾後，放入❷的調理盆中拌勻。

❺ 將❹放回平底鍋中，以中火加熱，一邊用木鏟拌炒。炒成糊狀後熄火，繼續用餘溫拌炒一下，然後盛盤。

❻ 最後撒上大量的黑胡椒。

自製鮮嫩雞胸肉炒飯

蛋白質 **16.1** g　熱量 **407** kcal　醣類 **68.2** g

米會吸收蔬菜釋出的水份，因此不必洗，直接煮即可。
要保留一點米芯，不要煮得太軟。
冷掉也好吃，所以很適合帶便當。

材料：4 人份

自製鮮嫩雞胸肉（P.16）…180g

米…2 杯

鮮嫩雞胸肉的煮汁…400cc

洋蔥（5mm 小丁）…50g

胡蘿蔔（5mm 小丁）…50g

芹菜（5mm 小丁）…50g

紅椒（5mm 小丁）…40g（¼ 個）

小番茄（切成半月形）…5 個份

葡萄乾…1 大匙

薑黃…½ 小匙

奶油＊…20g

鹽…8g

羅勒葉…適量

檸檬…½ 個

＊也可用 2 大匙橄欖油代替。

作法

❶ 將鮮嫩雞胸肉撕成小片。

❷ 米不必洗，直接入鍋，除了
　鮮嫩雞胸肉、羅勒葉和檸檬
　以外，其餘材料全部一起放
　入電子鍋，以「炊飯模式」
　蒸煮。

❸ 煮好後，放入❶的鮮嫩雞胸
　肉，蒸燜 15 分鐘。

❹ 盛盤，加上撕碎的羅勒葉和
　檸檬。多擠一點檸檬汁，滋
　味更清爽。

自製鮮嫩雞胸肉義式燉飯

加入檸檬汁一起煮容易油水分離，
因此享用前再多擠一點檸檬汁即可。

蛋白質	熱量	醣類
17.7 g	**375** kcal	**30.2** g

材料：2人份

自製鮮嫩雞胸肉（P.16）…80g

冷飯…120g

鮮嫩雞胸肉的煮汁…150cc

小番茄（切成 ¼ 半月形）…3 個份

綠蘆筍…2 根

液態鮮奶油…80cc

帕瑪森起司…20g

檸檬…½ 個

黑胡椒…適量

作法

❶ 將鮮嫩雞胸肉撕小片。

❷ 平底鍋中放入冷飯，再放入
小番茄、切成 2cm 的綠蘆筍、
鮮嫩雞胸肉的煮汁，以大火
加熱。

❸ 待飯煮散開來、番茄煮爛，
米粒將湯汁收乾後，放入鮮
奶油和❶的鮮嫩雞胸肉繼續
煮到收乾。

❹ 煮至呈濃稠狀後，撒上帕瑪
森起司，充分攪拌均勻。

❺ 熄火、盛盤。旁邊擺上檸檬，
撒上刨下來的檸檬皮和黑胡
椒。

雞胸肉應該什麼時候吃？

肌肉分為紅肌（慢肌）和白肌（快肌）。紅肌是一邊吸收氧氣以應付長時間運動的持久型肌肉。白肌則是可在無氧狀態下產生爆發力的肌肉；若想提升爆發力，就要提升肌肉量。一大塊一大塊的肌肉是白肌，瘦長的肌肉是紅肌，只要比較短跑選手和馬拉松選手的體型便知道了。順帶一提，雞腿肉是紅肌，雞胸肉和雞柳是白肌。

所謂鍛鍊肌肉，就是反覆利用運動負荷讓肌肉受傷再修復。反覆鍛鍊可讓肌肉更強壯。那麼，要有效修復肌肉，飲食上該怎麼配合呢？

首先，運動前空腹的話沒體力，必須攝取能轉換成能量的醣類。考量到消化時間，應在運動前 2～3 小時攝取完畢。油脂多的食材不易消化，因此不宜攝取過多。

負責修復肌肉的生長激素，分泌高峰期是運動後 30 分鐘內，以及就寢後 1～2 小時（晚上 10 點～深夜 2 點為黃金時段）。能量及蛋白質的補給，以運動後 30 分鐘內和一天三餐中的晚餐最重要。

要有效鍛鍊肌肉，日常飲食生活是基礎，別忘了以下重點：

① 吃早餐（光少吃這一餐就可能導致營養失衡）

② 細嚼慢嚥（雙顎強健後，就能咬緊牙根施展力量）

③ 補充鈣質強化骨骼（將骨骼與肌肉視為一體，鍛鍊體幹）

（營養師 山下圭子）

■富含鈣質的食品

食材	份量	鈣質（mg）
小松菜	80g	232
牛奶	200ml	200
柳葉魚	45g	158
優格	100g	130
加工起司	20g	126
高野豆腐	20g	118
蝦米	5g	115
羊栖菜（乾）	8g	112
小魚乾	5g	110

＊鈣質的吸收率會隨年齡及搭配的食材而改變，基本上是乳製品 40%、小魚 30%、蔬菜 20%。

■富含 BCAA 的食品

食材	份量	BCAA（mg）
雞胸肉	70g	3,010
鮪魚	70g	2,870
鰹魚	70g	2,800
鮭魚	70g	2,730
豬腿肉	70g	2,660
雞腿肉	70g	2,310
牛腿肉	70g	2,240
糙米飯	150g	1,890
白飯	150g	1,635
牛奶	200ml	1,360
加工起司	20g	1,020

＊ BCAA（支鏈胺基酸，包括纈胺酸〔valine〕、白胺酸〔leucine〕及異白胺酸〔isoleucine〕）是增長肌肉的最佳食材。

要吃早餐。

30 分鐘內補充消耗掉的能量及蛋白質（肌肉的元素）。BCAA 最適合，同時攝取檸檬酸能更有效消除疲勞。

早上	運動前	運動後	晚上

2～3 小時前補充能量，以醣類為主。

打造能一夜好眠的環境。負責修復肌肉的生長激素分泌黃金時段是晚上 10 點～深夜 2 點。

涮雞胸肉片

雞胸肉切成薄片後很快就會煮熟，不過只要裹上玉米粉，即使久煮也不會乾柴，照樣柔嫩可口！放在冰箱冷藏可保鮮 2 天。多用於冷菜。

1 切成薄片

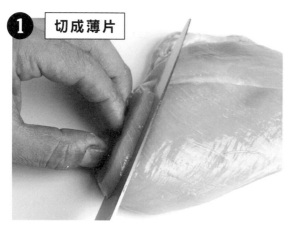

去皮，切成 5mm 厚。

由於要切斷纖維，並加寬斷面，請將菜刀稍微傾斜，用削的方式把肉片削下來。

2

一片雞胸肉全部切成 5mm 厚的薄片。

5 涮肉！

一大鍋熱水煮滾後，將肉一片一片放進去。

動作要快，不要讓第一片肉和最後一片肉放入的時間相隔太久。

6

放入肉片後溫度會下降，請再次煮沸到上圖所示的程度，然後用湯勺攪拌一下即可熄火。

不要讓肉片黏在一起。稍微煮久一點也無妨！

燙熟後立刻
放入冰水中冷卻

材料

雞胸肉…300g

玉米粉（或片栗粉）
　…20g

鹽…5g

蛋白質	熱量	醣類
69.9 g	**419** kcal	**17.6** g

❸ **裹粉**

調理盆中放入雞胸肉，再倒入玉米粉和鹽，用手翻拌。

> 請均勻地撒上粉類，才能讓每一小片肉的表面全都裹上。

❹

均勻裹上粉的肉片。

❼

用濾勺撈起肉片，放進冰水中冰鎮。冷卻後用濾網撈起來瀝乾。

> 這是為了不讓餘溫繼續加熱。如果肉片要用於熱菜，就沒必要泡冰水，直接熱熱地進入下一道工序即可。

❽

裝入鋪上廚房紙巾的容器中密封起來，冷藏可保存2天。

涮雞胸肉片拌鮮蔬佐紅椒堅果醬

蛋白質	熱量	醣類
10.2 g	314 kcal	13.4 g

將冰箱現有蔬菜用橄欖油炒一下，跟肉片拌在一起。
選擇喜歡的蔬菜即可。在意醣類的人可少放一點馬鈴薯和胡蘿蔔。
用來當沾醬的紅椒堅果醬密封可保存 5 天。

材料：2 人份

涮雞胸肉片（P.34）…60g
蔬菜（水煮馬鈴薯、扁豆、蘑菇、胡蘿蔔、紅椒、櫛瓜、糯米椒、
櫻桃蘿蔔等）…隨喜好適量
黑胡椒…適量

紅椒堅果醬
　杏仁片…50g
　紅椒…80g（½ 個）
　大蒜…10g（1 瓣）
　番茄…100g（1 個）
　檸檬汁…1 個份
　紅椒粉…1 小匙
　TABASCO 辣椒醬…2 ～ 3 滴
　黑胡椒…少量
　鹽…1 小匙
　橄欖油…3 大匙

作法

❶ 先將雞胸肉做成涮肉片。

❷ 將各種蔬菜切成適口大小。平底鍋中放入橄欖油，所有蔬菜下鍋炒熟。

❸ 準備紅椒堅果醬：所有材料放進果汁機中打成糊狀即可。

> 沒有 TABASCO 辣椒醬的話，不放也沒關係。

❹ 將涮雞胸肉片和蔬菜拌在一起盛盤，撒上黑胡椒。沾取紅椒堅果醬享用。

尼斯風涮雞胸肉片

酸桔醋沙拉

鯷魚、馬鈴薯、四季豆、水煮蛋。
在尼斯風沙拉的基本材料中，淋上與
雞肉極搭的酸桔醋，做成日式風味。
在市售的酸桔醋中加入現榨檸檬汁，
口味會變得很清爽。

蛋白質	熱量	醣類
14.2 g	169 kcal	17.7 g

材料：2 人份

涮雞胸肉片（P.34）…60g

番茄（中型，切成半月形）…1 個份

水煮馬鈴薯（切成半月形）…1 個份

水煮扁豆…5 根

綜合嫩葉生菜…適量

鯷魚…3 片

水煮蛋…1 個

酸桔醋檸檬

　　酸桔醋…50cc

　　檸檬汁…½ 個份

作法

❶　先將雞胸肉做成涮肉片。

❷　馬鈴薯和扁豆煮好，切成適口大
　　小。

❸　盤裡鋪上綜合嫩葉生菜，擺上番
　　茄、馬鈴薯、扁豆，涮雞胸肉片疊
　　在最上面。

❹　水煮蛋用濾網篩成碎屑，撒在肉片
　　上，再將鯷魚剁碎後擺在上面即完
　　成。酸桔醋檸檬另外裝，享用前再
　　淋上去。

奶油白醬燉雞

蛋白質	熱量	醣類
29.1 g	474 kcal	38.4 g

請趁熱吃。減醣一族可用水煮白花椰菜、綠花椰菜來代替米飯。

材料：2人份（圖為1人份）

雞胸肉（切成薄片）…200g

玉米粉…1小匙

鹽、黑胡椒…各少量

洋蔥（逆著纖維切成薄片）…100g

蘑菇（切成薄片）…8個份

白葡萄酒…100cc

液態鮮奶油…80cc

鮮嫩雞胸肉的煮汁（或水）…100cc

白飯…140g

作法

❶ 將雞胸肉切成同涮肉片一樣的薄片，放入調理盆中，撒上少量的鹽和玉米粉。

> 玉米粉不要裹太厚，薄薄一層就好。

❷ 平底鍋中放入洋蔥、蘑菇、白葡萄酒，以大火加熱。

❸ 待水份煮到剩一半，放入鮮嫩雞胸肉的煮汁或水，繼續煮。

❹ 待水份煮到剩一半，放入❶的雞胸肉。再次煮沸後放入鮮奶油。

❺ 待玉米粉溶化，出現濃稠度後，用鹽和黑胡椒調味即完成。請淋在飯上享用。

直接將一整塊雞胸肉下鍋煎，就算對專業廚師而言也是個大考驗，因為大小及厚度不等，要均勻受熱可說相當困難。但只要切成一定的厚度和大小，誰都不會失敗！切得越小越快熟，也能縮短調理時間。此外，要煎得柔嫩可口，放入平底鍋中的油量千萬不能小氣。

蛋白質	熱量	醣類
70.0 g	608 kcal	0.8 g

煎熟的程度，大約是拇指和小指圈起時拇指指根（魚際肌）的彈性程度。

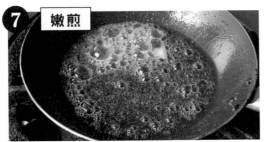

7　嫩煎

平底鍋中放入奶油及沙拉油，以中火加熱。

8

待奶油融化後，將平底鍋拿離火源，放入雞肉，注意不要重疊。

9

以中火加熱，慢慢煎熟。火溫必須維持在奶油不會燒焦的程度。

10

待肉的周圍變白後翻面。多翻幾次比較不會失敗，大約煎 30 秒翻一次。

11

煎一片雞胸肉大約花 2 分鐘。

12

胡椒易燒焦，建議煎好再撒上。旁邊擺上檸檬。

用 醬 汁 變 化 口 味

嫩煎雞胸肉用醬汁變化成不同口味。
兩款都是讓雞胸肉色香味大升級的醬汁。

蛋白質	熱量	醣類
23.7 g	280 kcal	3.8 g

嫩煎雞胸肉佐檸檬醬

檸檬醬不僅適合搭配嫩煎雞胸肉，也可以當沙拉醬，跟白肉魚更是絕配，堪稱萬用醬汁。
多做一點放進冰箱冷藏，隨時都派得上用場。冷藏可以保存 1 週。

材料：2 人份

嫩煎雞胸肉…200g
檸檬醬（容易製作的份量）
　檸檬…1 個
　黃芥末醬…2 大匙
　蜂蜜…1 大匙
　大蒜…20g
　橄欖油…4 大匙
　鹽…1 小匙
　胡椒…適量

作法

❶ 用洗潔精洗淨檸檬表皮，並確實沖乾淨。

> 要使用到表皮，因此必須將上面的蠟洗掉。

❷ 用削皮器薄薄地削下黃色表皮，放進果汁機中備用。接著切掉檸檬的頭尾，再去掉白色綿狀部分。

❸ 將果肉連同薄膜和籽整顆放進果汁機中。籽的苦味也是檸檬的魅力。

> 去籽反倒超麻煩的。

❹ 放入黃芥末醬、蜂蜜、大蒜、橄欖油，打至全部混合成糊狀為止。

❺ 加鹽調味，最後撒上胡椒即完成。

蛋白質	熱量	醣類
24.8 g	251 kcal	1.2 g

嫩煎雞胸肉

佐巴西里豆腐凱薩沙拉醬

這款醬汁不僅適合肉類，搭配蔬菜和魚也很美味。
由於質地濃稠，搭配蔬菜時，選擇生菜等水份多的蔬菜口感最佳。
雖名凱薩醬卻不使用美乃滋，非常健康。
也可以當成義式熱沾醬（Bagna càuda）使用。

材料：2 人份

嫩煎雞胸肉…200g
凱薩沙拉醬（容易製作的份量）

　巴西里…1 把　　　　帕瑪森起司…2 大匙
　豆腐…200 ～ 300g（1 塊）　鹽…1 小匙
　大蒜…40g　　　　　黑胡椒…適量
　橄欖油…4 大匙
　醋…2 大匙

作法

❶ 巴西里洗淨後瀝乾。將所有材料放進
　果汁機中打勻即完成。

> 用木綿豆腐或嫩豆腐都無妨。木綿豆腐做
> 出來的醬汁會稠一點。太稠可以加水稀
> 釋。

西班牙蒜香鍋

蛋白質	熱量	醣類
20.0 g	354 kcal	9.5 g

再介紹一道同嫩煎雞胸肉切法的肉片料理,那就是油煮西班牙蒜香鍋。
溫度相當高,請小心別把雞肉煮老了。

材料:2人份

雞胸肉…150g(½ 片)

蘑菇(對切)…4 個份

大蒜(切成薄片)…1 瓣份

辣油…1 小匙

橄欖油…4 大匙

白葡萄酒…2 大匙

鹽…½ 小匙

胡椒…少量

小番茄(切成 ¼ 半月形)…1 個份

羅勒…1 枝

法國長棍麵包…適量

作法

❶ 比照嫩煎雞胸肉的切法(P.42),將雞胸肉切成小塊。

❷ 將橄欖油、大蒜、辣油放入小鍋中,以小火加熱。

❸ 待飄出香氣後,倒入白葡萄酒,再放入蘑菇、小番茄和❶的雞胸肉,撒上鹽和胡椒。

❹ 沸騰後續煮 2 分鐘,熄火。靜置 2 分鐘,以餘溫加熱。

❺ 放上羅勒做裝飾,搭配切成薄片的法國長棍麵包享用。

消除疲勞的有效方法

　　要消除疲勞，最重要的就是改善新陳代謝。

① 增加肌肉量就能提高基礎代謝，達到瘦身功效。適度的運動還能轉換心情，因此鼓勵大家運動。

② 營養和老廢物質都藉著血液與淋巴循環全身，因此可透過按摩、伸展、泡澡鬆弛僵硬的肌肉，促進血液循環。

③ 優質睡眠能讓主司消除疲勞的生長激素處於最佳分泌狀態，對治精神上的壓力也很有效。

④ 身體上的疲勞與精神上的疲勞都和大腦息息相關。有時 ON、有時 OFF，請建立自己的放鬆時間吧。

⑤ 改善新陳代謝的最佳方法是均衡的營養。請用心選擇食物，讓營養素適才適所地發揮功能。

營養均衡很重要

　　我們的身體會不斷將食物代謝為能量，三大營養素的理想均衡狀況如下圖所示，日本人的飲食（和食）十分符合這個比例。

■ PFC 均衡（三大營養素的均衡比例）

蛋白質 Protein　13~20%

脂肪 Fat　20~30%

50~65%　碳水化合物（醣類＋膳食纖維）Carbohydrate

資料來源：《飲食攝取基準》（食事摂取基準，2015 年版）

　　說得白話一點，即日常生活的飲食基準為：主食 1 碗 × 一天 3 餐、肉魚蛋：蔬菜＝ 1：2、油炸料理約三天吃 1 次。

　　醣類是能量來源，蛋白質是身體的材料，維生素、礦物質是潤滑油。醣類不足會分解蛋白質以製造能量，如此一來蛋白質便無法發揮原本的功能，實在可惜。想增進新陳代謝，就要注重營養均衡。根據強化肌肉或貯存能量等不同目的，確實均衡地攝取營養吧。

（營養師 山下圭子）

醃漬的好滋味

前一天開始醃漬更鮮嫩

雞胸肉醃漬後會更嫩、更入味。接下來介紹只要事先醃好,之後直接油炸或用 180°C 烤箱烤 15 分鐘就能做好的料理。

這時候醃料是美味的關鍵,若能靜置一晚最佳!急用時也請至少靜置 1 小時。

日式炸雞 ➤ P49

人人都愛的醬油基底醃料。薑所含的分解酵素能分解蛋白質,讓雞胸肉更嫩。請盡量切成同樣大小和厚度。適合當便當菜。

BBQ 烤雞 ➤ P51

以番茄醬為基底的大眾口味醃料,另外加了蜂蜜提升番茄醬甜度。口味偏甜,所以我又用了芥末籽醬來增添風味。

印度唐多里烤雞 ➤ P52

製作這道香辣的咖哩雞時,請在醃料中加入大量黑胡椒。這裡加了含蛋白質分解酵素的優格,因此醃漬後的雞胸肉十分柔嫩,肯定一吃上癮。

美式炸雞 ➤ P54

用優格醃漬過後炸出來的雞胸肉鮮嫩無比,大人小孩都愛不釋手。從醃料中取出肉塊,撒上綜合香料粉和麵粉,再炸到香酥脆。

日式炸雞

蛋白質	熱量	醣類
37.0 g	**365** kcal	**28.4** g

炸到金黃酥脆即可起鍋。
因為裹了片栗粉肉塊容易黏在一起，油炸時請一邊用筷子翻面。

材料：2 人份

雞胸肉…250g（1 片）
醃料
　醬油…50cc
　味醂…50cc
　薑汁…薑 30g 份
片栗粉…3 大匙
炸油…適量
檸檬…½ 個

作法

❶ 比照嫩煎雞胸肉的切法，將雞胸肉切成盡量一致的大小（P.42）。

❷ 將❶的雞胸肉浸泡在醃料中 1 小時以上。能靜置一晚更好。

❸ 從醃料中取出雞肉，裹上片栗粉，放入 180°C 的熱油中油炸。

> 需用筷子不時翻面，避免肉塊黏在一起。

❹ 肉塊表面炸出漂亮的金黃色後起鍋，將油瀝乾。

❺ 擠上滿滿的檸檬汁即可享用。

摩洛哥風味
串燒

香料是美味的關鍵。
有些香料沒有沒關係，
但孜然必不可少。
請串上喜歡的蔬菜搭配著吃。

蛋白質	熱量	醣類
60.2 g	**321** kcal	**5.7** g

材料：2人份

雞胸肉…250g（1片）×2片
醃料＊
  孜然粉
  紅椒粉
  香菜粉
  肉桂粉
  香蒜粉
  洋蔥粉
  巴西里粉
  黑胡椒
  鹽
紅椒、黃椒（切成半月形）
櫛瓜（切成圓片）
蘑菇
檸檬（切成半月形）
＊醃料的材料各為 ½ 小匙，全部混合均勻。

作法

❶ 將雞胸肉切成拇指大小。

❷ 將切好的雞胸肉放入密封容器中，倒入醃料搓揉入味，至少靜置 1 小時，可以的話最好放一晚。

❸ 醃好的雞胸肉不要沖洗，直接與蔬菜串在一起。

❹ 用 180℃ 的烤箱烤 15 分鐘即完成。旁邊擺上檸檬。

BBQ 烤雞

蛋白質	熱量	醣類
29.6 g	**192** kcal	**11.3** g

將醃漬好的雞胸肉放進烤箱烤就行。
加了番茄醬和蜂蜜吃起來更香，小朋友都樂翻天。

材料：2 人份

雞胸肉…250g（1 片）

醃料

　番茄醬…120g

　蜂蜜…60g

　醋…50cc

　芥末籽醬…1 大匙

　大蒜粉…½ 小匙

　洋蔥粉…1 小匙

　鹽…½ 小匙

　胡椒…少量

作法

❶ 比照嫩煎雞胸肉的切法，將雞胸肉切小塊（P.42），放進密封容器中。

❷ 將醃料的材料全部混合均勻，倒入❶的容器中拌勻，放進冰箱冷藏一晚入味。

❸ 隔天，在烤箱的烤盤上鋪烘焙紙，瀝掉❷的雞胸肉多餘的水氣，然後排入烤盤中，不要重疊。

❹ 放入預熱至 180°C 的烤箱烤 15 分鐘後即可取出。

印度唐多里烤雞

用咖哩粉醃漬的印度烤雞最適合炎熱的夏天。
雖然湊齊所有材料不容易，但絕對值得。

蛋白質
30.0
g

熱量
218
kcal

醣類
5.9
g

材料：2 人份

雞胸肉…250g（1 片）
醃料
　蒜泥…20g
　薑泥…20g
　番茄醬…2 大匙
　橄欖油…2 大匙
　咖哩粉…1 大匙
　優格（無糖）…3 大匙
　蜂蜜…1 大匙
　鹽…½ 小匙
　黑胡椒…適量
紅菊苣…2 片
檸檬…¼ 個

作法

❶ 比照嫩煎雞胸肉的切法，將雞胸肉切小塊（P.42），
放進密封容器中。

❷ 將醃料的材料全部混合均勻，淋在❶的雞胸肉上搓揉
入味，然後密封起來，放進冰箱冷藏一晚。

> 急用時也請至少放置 1 小時。

❸ 烤盤鋪上烘焙紙，排上❷的雞胸肉，不要重疊。

❹ 放入預熱至 180℃ 的烤箱烤 15 分鐘即可取出。旁邊
擺上紅菊苣和檸檬，撒上黑胡椒（份量外）。

雞肉沙嗲

如果覺得醃料很難拌勻，利用果汁機或
食物調理機就能輕鬆打勻。

蛋白質	熱量	醣類
60.2 g	353 kcal	5.0 g

材料：2人份

雞胸肉…250g（1片）×2片
醃料
　花生醬（無糖）…2大匙
　砂糖…2大匙
　醬油…50cc
　白葡萄酒（或米酒）…2大匙
　一味辣椒粉…少量
　麻油…½大匙
　洋蔥…¼個
　大蒜…1瓣
　薑…15g

作法

❶ 雞胸肉切成薄片（P.34）。將醃料的材
　料全部放進果汁機中打勻。

❷ 將❶的雞胸肉放入密封容器中，裹上
　醃料，放進冰箱冷藏一晚。

> 最少也要醃漬1小時！

❸ 取出雞肉，用竹籤串起來。

❹ 放入預熱至180°C的烤箱烤15分鐘即
　大功告成。

美式炸雞

蛋白質	熱量	醣類
31.7 g	274 kcal	8.2 g

用優格醃漬後，雞胸肉會變得非常嫩。這款炸雞比日式炸雞更酥脆。

材料：2 人份

雞胸肉…250g（1 片）
醃料
　優格（無糖）…200g
　鹽…1 小匙
綜合香料*1
　（紅椒、洋蔥、大蒜、黑胡椒、
　普羅旺斯綜合香料）

中筋麵粉*2…適量
炸油…適量
檸檬…1 片

＊1 全部使用粉狀品。各取 1 小匙拌勻。
如果沒有普羅旺斯綜合香料，請用百里香
代替。
＊2 沒有的話，可用高筋麵粉和低筋麵粉
等量混合代替。

作法

❶ 比照嫩煎雞胸肉的切法，將雞胸肉切小塊（P.42），放進密封容器中。

❷ 加入優格和鹽仔細拌勻，放進冰箱冷藏一晚。

❸ 隔天取出雞肉，瀝掉多餘的水氣，放進調理盆中，撒上綜合香料。

❹ 拌入中筋麵粉，靜置 10 分鐘讓麵粉浸濕。

❺ 一塊一塊放進 180℃ 的油鍋中，每塊炸 2 分鐘。炸成金黃色後起鍋，將油瀝乾。盛盤，旁邊擺上檸檬。

永遠活力充沛的要訣

2000 年時 WHO（世界衛生組織）提出「健康壽命」一詞，意指不因健康問題妨礙日常生活的生命期間。只要縮短健康壽命和平均壽命之間的落差，就能維持充沛活力。

■平均壽命和健康壽命的落差

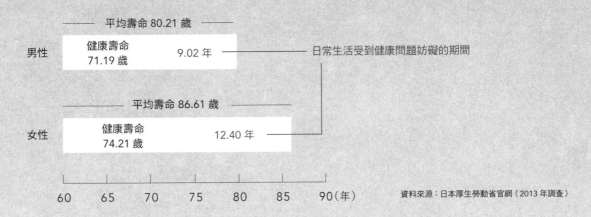

資料來源：日本厚生勞動省官網（2013 年調查）

因此，我們要學會與壓力相處、鍛鍊體幹、增強體力。體幹就是支撐身體的骨骼及肌肉。伸展背肌矯正姿勢也是一種方法。如果什麼都不做，40 歲起肌肉會開始萎縮，但只要鍛鍊，到 90 歲都能增加肌肉，永不嫌遲。

肌肉衰減的影響，下半身最明顯。年紀大走路變慢就是這個原因。光走路不會增加肌肉量，要特別注重大腿肌肉，踮起腳跟、伸直膝蓋、抬起大腿等都是有效的鍛鍊方法。

說到「壽命」，對大多數人來說也許感覺還很遙遠，但「今天的自己」造就「未來的自己」，請珍惜每一次自我檢視的機會。

（營養師 山下圭子）

絕品雞排

拍打成薄片

在家製作雞排時，美味的要訣是將雞胸肉拍打成薄片。太厚的話，往往會擔心還沒熟而不小心煎過頭，使得肉質變乾柴。

請維持在奶油不會燒焦的溫度，煎的時候一邊搖動平底鍋，讓肉片均勻受熱。注意別讓邊緣燒焦了。

材料：1 人份

雞胸肉…80g

高筋麵粉…適量

麵衣

　蛋液…1 個份

　鹽…3g

　胡椒…適量

　帕瑪森起司…1 大匙

乾燥麵包粉＊…適量

奶油…30g

橄欖油…30cc

番茄（中型，切成半月形）…¼ 個份

羅勒葉…1 片

檸檬…⅛ 個

＊將乾燥麵包粉放進塑膠袋中，用桿麵棒敲碎。也可用食物調理機打碎。

雞胸肉（去皮）。比照嫩煎雞胸肉的要領（P.42）切開大小兩塊肉，並去掉中間的薄膜，否則雞肉下鍋後會縮起來。

作法

❶

雞胸肉以切斷纖維的方向斜切成小塊，每塊 80g。

❷

蓋上保鮮膜，用桿麵棒從中間往外輕敲成 3mm 厚的薄片。

❸

撒上高筋麵粉，再撢掉多餘的麵粉。

> 這時還不要撒鹽，否則肉會出水，麵衣就沾不住了。

❹

在蛋液中放鹽、胡椒、帕瑪森起司調味，再放入❸的雞胸肉沾一下即取出。

❺

均勻裹上麵包粉。

❻ 平底鍋中放入奶油和橄欖油，以中火加熱。奶油融化後，放入❺的雞胸肉。

> 煎的時候一邊搖動鍋子讓肉片均勻受熱。

❼ 不時確認一下顏色，煎出金黃色就翻面。

❽ 另一面也煎出金黃色後即可起鍋，將油瀝乾。盛盤，旁邊擺上番茄、羅勒、檸檬。

使用雞柳

用叉子去筋

雞柳是雞胸肉內側細長且柔軟的部位。雖然不能過度加熱，但烹調難度比較低，能輕鬆調理出柔嫩的肉質。

調理重點在於去筋的工序。當然，不去筋也可以，但加熱後筋會縮起來而使口感變硬。這裡介紹的雞柳料理全都有去筋。

用菜刀去筋意外地比預期中困難許多，因此這裡介紹人人都做得到的簡單去筋法：

簡單的雞柳去筋法

首先，用叉子夾住筋的一端。

用廚房紙巾或濕布牢牢捏緊筋的一端，再將叉子往下壓，輕輕一拉……

瞧，筋不就拔出來了。少許筋殘留在肉上面的話沒關係！

辣醬炒雞柳

蛋白質	熱量	醣類
22.4 g	227 kcal	13.1 g

乾燒蝦仁口味的雞柳料理。辣度可隨喜好調整。

材料：2 人份

雞柳…180g（3 條）

片栗粉…1 小匙

鹽…1 小撮

豆瓣醬…1 小匙

番茄醬…60g

鮮嫩雞胸肉的煮汁（或水）…200cc

青蔥（切碎）…60g

薑（切碎）…20g

大蒜（切碎）…1 小匙

砂糖…1 小匙

米酒…4 大匙

醬油…1 大匙

沙拉油…1 大匙

作法

❶ 雞柳切成一口大小，放入調理盆中，撒上鹽攪拌一下，再裹上片栗粉。

❷ 平底鍋中倒入沙拉油加熱，放入大蒜、青蔥、薑，仔細拌炒，不要炒焦。

❸ 飄出香氣後，放入豆瓣醬稍微炒一下，不要炒焦，然後加入番茄醬、鮮嫩雞胸肉的煮汁、糖、米酒、醬油。

❹ 煮沸後放入雞柳，再次煮沸。

❺ 待醬汁出現濃稠度，確認夠味了再起鍋。

煎炸雞柳

蛋白質	熱量	醣類
30.9 g	372 kcal	7.1 g

番茄醬裡也有糖份，
會介意的禁欲主義者就多擠一點檸檬汁吧。

材料：2 人份

雞柳…120 ～ 180g（2 ～ 3 條）

高筋麵粉…適量

帕瑪森起司…2 大匙

麵包粉…3 大匙

蛋…2 個

沙拉油…1 大匙

奶油…20g

鹽、胡椒…各適量

番茄醬…隨喜

作法

❶ 雞柳去筋，不要切開，整條直接使用。

❷ 將蛋打成蛋液，放入帕瑪森起司和麵包粉拌勻，最好拌成糊狀。

> 麵包粉可用細屑或粗屑，使用細屑的話份量要多一點。

❸ 雞柳不撒鹽、胡椒，直接撒上高筋麵粉。

> 撒鹽會讓肉釋出水份，麵衣就沾不住了。

❹ 接著裹上❷的麵衣。

❺ 平底鍋中放入沙拉油和奶油，待奶油融化後，放入裹上麵衣的雞柳。

> 麵衣很容易燒焦，要以小火慢煎。

❻ 煎出金黃色後翻面，再煎至金黃色後，雞柳就完全熟了。

❼ 用廚房紙巾吸掉多餘的油，撒上鹽、胡椒。

❽ 盛盤，隨個人喜好附上番茄醬。

奶油玉米雞柳

蛋白質	熱量	醣類
26.6 g	336 kcal	23.9 g

雞柳比雞胸肉更快熟。只要火候控制得好，肉質會很柔嫩。

材料：2 人份

雞柳…180g（3 條）

洋蔥（切碎）…100g（¼ 個）

奶油…20g

甜玉米粒（罐頭）…150g

鮮嫩雞胸肉的煮汁（或水）…180cc

牛奶…180cc

片栗粉…1 小匙

鹽、胡椒…各適量

作法

❶ 雞柳切成一口大小，放進調理盆中，撒上一小搓鹽，再撒上片栗粉拌勻。

❷ 平底鍋中放入奶油，融化後放洋蔥下去炒。

❸ 待洋蔥炒透，將甜玉米連同汁液倒進去。煮沸後放入鮮嫩雞胸肉的煮汁和牛奶。再次煮沸後，放入❶的雞柳。

> 雞肉容易沾黏在一起，所以請一塊一塊下鍋。

❹ 再次煮沸後就會出現濃稠度。放入鹽、胡椒調味，以小火煮 1 分鐘即完成。

醋溜雞

蛋白質	熱量	醣類
23.5 g	269 kcal	19.5 g

可以先將所有調味料拌好，這樣速度比較快。

材料：2 人份

雞柳…180g（3 條）

鹽…1 小撮

片栗粉…1 小匙

洋蔥（切成 1cm 半月形）…200g（½ 個）

青椒（切成滾刀塊）…2 個份

綜合調味料

　黑醋（或米醋）…40cc

　番茄醬…30g

　砂糖…1 小匙

　醬油…20g

　米酒…2 大匙

　鮮嫩雞胸肉的煮汁（或水）…180cc

　水…180cc

青蔥（切碎）…30g

薑（切碎）…20g

沙拉油…1 大匙

作法

❶ 雞柳切成一口大小，放進調理盆中，撒上鹽，再裹上片栗粉。

❷ 平底鍋中放入沙拉油，以小火加熱，青蔥和薑下鍋慢慢炒。

❸ 轉中火，放入洋蔥和青椒稍微炒一下，接著將綜合調味料的材料全部倒入。

❹ 煮沸後放入雞柳，以大火繼續煮，煮至出現濃稠度即可。

❺ 確認夠味了即可盛盤。

綠咖哩雞柳

蛋白質	熱量	醣類
25.9 g	500 kcal	13.4 g

*不含米飯

可以直接當湯喝，但得控制辣度！
減醣一族可用減肥聖品綠花椰菜或白花椰菜代替米飯。

材料：2 人份

雞柳…180g（3 條）

片栗粉…酌量

鹽…1 小撮

綠咖哩醬…50g

椰奶…400g

青椒（切成一口大小）…3 個份

茄子（切成一口大小）…1 根份

羅勒…1 包

沙拉油…1 大匙

作法

❶ 雞柳切成一口大小，撒上鹽，再裹上片栗粉。

❷ 鍋中放入沙拉油加熱，青椒、茄子下鍋炒。稍微炒軟後，放入椰奶和綠咖哩醬。

> 我個人不敢吃辣，因此咖哩醬的用量會減半，再用蜂蜜來增加甜度。最好邊加咖哩醬邊試味道。

❸ 煮沸後，將羅勒撕碎放入，再放入裹上片栗粉的雞柳。

❹ 再次煮沸後就可以起鍋了。附上米飯或印度烤餅。

薑燒雞柳

可以搭配高麗菜絲或馬鈴薯沙拉。

蛋白質 **30.3** g　　熱量 **306** kcal　　醣類 **25.9** g

材料：2人份

雞柳⋯240g（4條）

薑泥⋯20g

醬油⋯2大匙

味醂⋯80cc

洋蔥（切成薄片）⋯150g（1個）

沙拉油⋯1大匙

作法

❶ 雞柳去筋，切成一口大小，連同薑泥、醬油、味醂、洋蔥一起放入塑膠袋中，壓出空氣，搓揉入味。

> 靜置15分鐘會更入味。沒時間的話，直接進入下一步驟也無妨。

❷ 平底鍋中放入沙拉油加熱，將塑膠袋裡的材料連同調味料一併倒入。

> 有汁液，會濺油，請小心。

❸ 用筷子翻拌一下，開大火讓煮汁收乾。

❹ 待煮汁收乾、雞肉熟了即完成。試一下味道，如果太鹹可加一點糖。

雞柳酸辣湯

要是喜歡更辣一點，
享用前再淋上點辣油也可以。

蛋白質	熱量	醣類
18.3 g	**136** kcal	**6.3** g

材料：2人份

雞柳…120g（2條）

鹽…½ 小匙

片栗粉…適量

豆芽菜…½ 包

青蔥（蔥白部分切碎）…60g

鮮嫩雞胸肉的煮汁（或水）…360cc

辣油…3 滴

醋（黑醋為佳）…2 大匙

蛋…1 個

鹽、胡椒…各適量

作法

❶ 雞柳切成一口大小或用手撕開，撒上少許鹽，再裹上片栗粉。

❷ 將鮮嫩雞胸肉的煮汁煮沸，放入青蔥、豆芽菜、辣油、醋。

❸ 再次煮沸後，放入雞柳拌一下，繼續滾沸 30 秒。

❹ 熄火，將蛋稍微攪散後倒入拌勻。

> 湯汁變白，是因為肉上面的片栗粉變濃稠，蛋均勻地分布開來的關係。

❺ 試試味道，有必要就再加一點鹽、胡椒。盛入碗公中。

用絞肉做的飽滿多汁雞肉丸

用食物調理機打出黏性

　　雞胸肉的絞肉脂肪比雞腿肉的絞肉少，加熱後容易變硬，但和豬肉比起來水份及蛋白質較多，因此利用食物調理機將肉質纖維打細、進而產生黏性，就能煮出飽滿多汁又柔嫩的雞肉丸了。

　　不必費力揉捏，只要花點小工夫即可！

放進食物調理機

用食物調理機將絞肉的質地打到更滑順。

打到如圖示的程度，出現黏性就可以了。

雞肉丸

如漢堡肉般的雞肉丸。
肉質飽滿多汁，打上蛋黃後味道交融在一起。
撒上一味辣椒粉提味，更加凝聚整體風味。

蛋白質	熱量	醣類
27.4 g	**309** kcal	**12.9** g

＊以 1 個份計算

材料：3 個份

肉丸餡
　雞胸肉的絞肉…300g
　薑…15g
　米酒…1 大匙
　鹽…1 小匙
醬油…80cc
味醂…120cc
沙拉油…2 大匙
蛋黃…3 個
一味辣椒粉…酌量

作法

❶ 製作肉丸餡：將薑放入食物調理機中打碎，放入雞絞肉、米酒、鹽，打至出現黏性。

❷ 取出❶的餡料，捏成中央稍微凹陷的橢圓型。平底鍋熱鍋，放入沙拉油，將肉丸的兩面煎到上色。

> 這個階段肉丸裡面沒熟透沒關係。

❸ 煎出漂亮的顏色後，放入醬油和味醂。

❹ 邊煮邊用湯匙舀起煮汁淋在肉丸上面。

❺ 待煮汁煮到剩下一半，出現濃稠度即可。

> 這時肉丸裡面已經熟了。

❻ 盛盤，確認❺的醬汁夠味了即可淋至肉丸上，再將蛋黃放在肉丸中央凹陷處即大功告成。撒上一味辣椒粉。

雞肉水餃

椰子口味沾醬

將吸飽醬汁的椰絲放在水餃上，味道棒呆了。
還沒完呢！這種醬汁也很適合搭配水煮涮雞胸肉片，
當然，煎餃也 OK。
多做一點，隨時可派上場，
真是罪孽深重的醬汁啊（可保存 1 個月）。

煮熟的水餃餡。

材料：2 人份

肉丸餡（P.69）…200g

韭菜（切碎）…3 根份

餃子皮…8 ～ 10 張

椰子口味沾醬

　椰絲…1 大匙

　辣油…1 小匙

　XO 醬…1 大匙

　薑（榨汁）…1 小匙

　大蒜（切碎）…½ 小匙

　醋…1 小匙

　砂糖…1 小匙

　醬油…1 小匙

　麻油…1 小匙

作法

❶ 將韭菜放入肉丸餡中拌勻。

❷ 將❶的餡料用餃子皮包起來，開口要牢牢捏緊。

❸ 將椰子口味沾醬的材料全部混拌均勻。

❹ 將❷的水餃放進滾水中煮 2 分鐘，起鍋瀝乾即完成。
　附上沾醬享用。

> 水餃浮上來後，再煮一下就 OK 了！

焗烤青椒鑲雞肉丸

利用塑膠袋讓片栗粉均勻裹在青椒上，肉就不易散開，青椒也不會因加熱而縮起來。
焗烤得差不多時，裡面也都熟了。

蛋白質	熱量	醣類
27.5 g	237 kcal	4.9 g

＊以 4 個份計算

材料：4 個份

肉丸餡（P.69）…100g

青椒…2 個

起司絲…適量

片栗粉…1 小匙

沙拉油…1 小匙

作法

❶ 青椒對半切開，去籽，裹上片栗粉。

> 將青椒放入塑膠袋中，再倒入片栗粉一起搖一搖就行了，超簡單。

❷ 將肉丸餡拌好，填入❶的青椒裡。

❸ 沙拉油放進熱好的平底鍋中，肉面朝下入鍋，煎出可口的顏色。

❹ 將❸放進耐熱皿中，再將起司絲撒在肉上面，用180℃的烤箱烤 10 分鐘即完成。

雞肉丸塔吉鍋

蛋白質	熱量	醣類
29.7 g	402 kcal	37.3 g

燉煮時若蔬菜釋出水份而讓味道變淡,請加點鹽調味。
豪邁盛盤,配上古斯米。加點羅勒或薄荷更誘人。

材料:2人份

肉丸餡(P.69)…200g

洋蔥(切碎)…200g(½ 個)

大蒜(切碎)…1 小匙

番茄(中型,切成大塊)…2 個份

櫛瓜…1 根

茄子…1 根

葡萄乾類的果乾…1 大匙

白葡萄酒…80cc

孜然粉、香菜粉、辣椒粉、鹽
　…各 1 小匙

古斯米＊…50g

橄欖油…1 大匙

羅勒葉…1 根份

＊加入等量的熱水,蓋上鍋蓋,蒸好後會變成
100g(2 人份)。古斯米是用粗粒麵粉做成的,
類似粒狀的通心粉。

作法

❶ 取一口較厚的鍋子,放入橄欖油和大蒜,以小火加熱,飄出香氣後放入洋蔥慢炒。

❷ 待洋蔥炒透,放入番茄和白葡萄酒,煮的時候一邊將番茄壓碎。

❸ 待番茄的水份充分釋出後,放入切成大塊的櫛瓜、茄子、葡萄乾。

❹ 煮沸後,放入香料和鹽,翻拌一下,蓋上鍋蓋,以小火煮 5 分鐘。

❺ 將捏成丸子狀的肉丸餡放入鍋中,蓋上鍋蓋,續煮 5 分鐘即可。

> 如果蔬菜釋出水份讓味道變淡,請加點鹽調味。

❻ 豪邁盛盤,附上古斯米即大功告成。撒上羅勒裝飾。

乾咖哩雞

蛋白質	熱量	醣類
33.9 g	538 kcal	47.0 g

這是我家的人氣料理。
雖然麻麻辣辣的，但帶甜味，深獲好評。
可以多做一些，然後分裝冷凍保存。
健身後只要微波一下放在白飯上面即可，
三兩下搞定，太方便了。

絞肉料理

材料：2人份（圖為1人份）

雞胸肉的絞肉…200g

綜合豆（水煮）…120g

洋蔥（切碎）…200g（½ 個）

薑（切碎）…1 小匙

大蒜（切碎）…1 小匙

咖哩粉、孜然粉…各 1 小匙

番茄醬…2 大匙

蜂蜜…1 大匙

奶油…20g

鹽、胡椒…各少量

鮮嫩雞胸肉的煮汁（或水）…50cc

沙拉油…1 大匙

白飯…140g

作法

❶ 平底鍋中放入沙拉油、大蒜、薑，以小火炒出香氣。

❷ 放入洋蔥，炒軟後放入雞絞肉炒散。

❸ 待絞肉變白且炒開後，放入瀝掉水氣的綜合豆、咖哩粉、番茄醬、蜂蜜、奶油、孜然粉、鹽、胡椒、鮮嫩雞胸肉的煮汁，炒至水份收乾。

❹ 確認夠味了即完成。請搭配白飯享用。

雞絞肉、柚子胡椒、烤蔥風味義大利麵

這是以醬油調味的和風義大利麵。
喜歡吃辣的話，
享用時可以一邊加點柚子胡椒。

蛋白質	熱量	醣類
18.4 g	380 kcal	37.6 g

材料：2人份（圖為1人份）

雞胸肉的絞肉…100g

大蒜（切碎）…1小匙

橄欖油…2大匙

青蔥的蔥白部分…40g

義大利麵（Fedelini〔直徑1.4mm〕等
細麵類型為佳）…50g×2

柚子胡椒…1小匙

醬油…1小匙

黑胡椒…少量

作法

❶ 平底鍋中放入橄欖油及大蒜，以小
火炒出香氣。

❷ 炒到香氣四溢後，放入斜切成3cm
的青蔥、柚子胡椒、雞絞肉翻炒。

❸ 絞肉炒到變白後，放入煮得偏硬的
義大利麵及其煮汁100cc（份量外），
煮到水份收乾入味。

> 煮義大利麵時，在外包裝標示時間的前
> 1分鐘撈出來剛剛好！

❹ 最後淋上醬油、撒上黑胡椒即完成。

絞肉雞塊

覺得「油炸好麻煩～」時，
在平底鍋中放入 2cm 高的油加熱即可。
如此一來雞肉下鍋後，應該能剛剛好浸在油裡。

蛋白質	熱量	醣類
68.1 g	640 kcal	33.8 g

＊以 8 ～ 10 個份計算

材料：8 ～ 10 個

雞胸肉的絞肉…250g
高筋麵粉…2 大匙
蛋…1 個
醬油…1 大匙
大蒜粉、肉豆蔻粉…各少量
片栗粉（或玉米粉）…適量
炸油…適量

作法

❶ 將雞絞肉、高筋麵粉、醬油、蛋、香料放入
食物調理機中攪拌。

> 攪拌到完全均勻、出現黏性為止。

❷ 捏成適口大小，再壓成容易炸透的圓餅狀。

❸ 表面撒上片栗粉，用 180℃的油慢慢炸至金
黃色。

❹ 上色後翻面，兩面都炸至金黃色後取出，將
油瀝乾，放在廚房紙巾上。

> 炸好後熱呼呼地吃也行，但放個 2 分鐘，餘溫會
> 滲進裡頭、鎖住肉汁。

❺ 附上番茄醬享用。

> 這種雞塊最適合沾番茄醬！或是在芥末籽醬中加
> 一點蜂蜜沾著吃。

雞絞肉拌紅味噌的

雞鬆丼

蛋白質	熱量	醣類
32.2 g	445 kcal	49.2 g

我的故鄉愛知縣有一種用紅味噌滷內臟的丼飯「土手丼」，我將它變化成這道料理。
紅味噌不帶甜味，所以要加糖，
但若使用已有甜度的調和味噌，糖就要減量。

材料：2人份（圖為 1 人份）

雞胸肉的絞肉…200g

米酒…2 大匙

味醂…50cc

紅味噌（也可使用調和味噌）…50g

薑（切碎）…20g

砂糖…1 大匙

白飯…140g

青蔥、蛋黃、一味辣椒粉…隨喜

作法

❶ 平底鍋中放入米酒和味醂加熱，放入雞絞肉，以中火燉煮並一邊炒散。

❷ 收汁前放入紅味噌拌勻，再放入薑，最後加糖調味。

❸ 白飯盛入碗公中，放上❷的肉味噌。撒上青蔥末、擺上蛋黃，最後撒上一味辣椒粉即完成。

OGINO 風蛋包飯

想攝取多一點蛋白質時，多放一點蛋白也沒關係，但炒蛋的方法不變。

蛋白質
38.3
g

熱量
680
kcal

醣類
44.7
g

材料：1 人份

雞胸肉的絞肉…60g
洋蔥（1cm 小丁）…100g（¼ 個）
青椒（1cm 小丁）…1 個份
番茄醬…50g
蛋…3 個
牛奶…50cc
冷飯…50g
奶油…20g
鹽、胡椒、砂糖…各適量
番茄醬（裝飾用）…適量

作法

❶ 平底鍋中放入奶油，加熱融化，放入洋蔥和青椒拌炒。炒軟後放入雞絞肉炒散，直到絞肉變白為止。

❷ 冷飯下鍋炒散，用番茄醬調味。味道如果太淡就加 1 小撮鹽。

❸ 調理盆中放入蛋和牛奶，再放入各 1 小撮的鹽、胡椒、砂糖拌勻，隔水加熱，一邊用打蛋器或橡皮刮刀攪拌。

> 調理盆很燙，請使用隔熱手套。
> 餘溫的熱度超乎預期，因此請不時將調理盆從熱水中拿起，才能炒出濃稠軟嫩的炒蛋。

❹ 攪拌至蛋呈濃稠狀後，將調理盆拿離火源，用餘溫加熱即可。

❺ 將❷的番茄醬炒飯盛盤，淋上❹，再擠上番茄醬即大功告成。可隨喜好淋上 TABASCO 辣椒醬。

塔可飯

雞肉加上生菜、番茄、起司等，豪邁地全部拌在一起大快朵頤吧！

蛋白質	熱量	醣類
27.6 g	373 kcal	39.6 g

材料：2人份（圖為1人份）

雞胸肉的絞肉…200g

洋蔥（1cm 小丁）…200g（½ 個）

大蒜（切碎）…1 小匙

番茄醬…70g

伍斯特醬…30g

辣椒粉、TABASCO 辣椒醬…各 ½ 小匙

番茄（切成小塊）…1 大匙

起司絲…1 大匙

生菜（切成小片）…適量

白飯…140g

沙拉油…1 大匙

作法

❶ 平底鍋中放入沙拉油，再放入洋蔥，以小火炒軟。

❷ 將大蒜和雞絞肉放入❶中，同樣以小火炒散。

❸ 待絞肉變色，放入番茄醬、伍斯特醬、辣椒粉、TABASCO 辣椒醬繼續拌炒。

❹ 待調味料全部融和，確認夠味了即可起鍋。

❺ 盛好飯後放上切成小片的生菜、❹炒好的肉燥、番茄，最後撒上起司絲即大功告成。

泰式打拋雞

蛋白質	熱量	醣類
34.9 g	431 kcal	35.9 g

這道料理是使用泰國產羅勒「打拋葉」把配料炒好，放在飯上面。
但打拋葉不容易買到，這裡我就用一般的羅勒代替。
記得要炒出大蒜的香氣才好吃。

材料：2人份（圖為1人份）

雞胸肉的絞肉…200g
洋蔥（切成小片）…200g（½ 個）
紅椒、青椒（切成條狀）…各 1 個份
羅勒…1 包
大蒜（切碎）…1 小匙
魚露…1 大匙
蠔油…1 大匙
甜辣醬…1 大匙
鮮嫩雞胸肉的煮汁…80cc
　　（或 40cc 的水＋ 40cc 的米酒）

沙拉油…1 大匙
白飯…140g
荷包蛋…2 個
黑胡椒…適量

作法

❶ 平底鍋中放入沙拉油加熱，放入大蒜稍微炒一下。

❷ 放入雞絞肉炒散，待肉色變白，放入洋蔥、甜椒。

❸ 放入羅勒、蠔油、魚露、甜辣醬、鮮嫩雞胸肉的煮汁（或米酒和水各半）。

❹ 以大火煮至收汁，確認夠味了即可起鍋。

❺ 將❹放在白飯上面，再隨喜好放上荷包蛋，最後撒上黑胡椒。

荻野伸也｜Ogino Shinya

1978 年出生於愛知縣。
2007 年於東京池尻開設法式餐廳「OGINO」。
之後，展開網路商店銷售店裡人氣商品「法式鄉村肉醬」等，並為了因應訂單設立了食品肉加工廠。2012 年於東京代官山開設熟食店（現已停業），以此為開端，在關東一帶成立「TABLE OGINO」，成為「OGINO」餐廳的副牌，以速食的概念提供慢食。
從小參加足球隊，十分好動，30 多歲開始從事長距離鐵人三項。同時也是單車、越野賽跑、超級馬拉松、衝浪愛好者。

營養指導、營養計算
管理營養師
山下圭子｜Yamashita Keiko

福岡女子大學畢業後，師事料理研究家村上祥子。目前任職於福岡市日立博愛 Human Support 株式會社「PHILANSOLEIL 笹丘收費養老院」。
負責撰文 P.14, 33, 41, 47, 55。

VF0105

低烹、嫩煎、醃漬、酥炸、燉煮

主廚特製增肌減脂雞胸肉料理

醣類控制、熱量管理、優質蛋白，熱愛健身的料理名廚與營養師設計，
保證滿足口腹之慾的 48 道雞胸與雞柳食譜

原　書　名	アスリートシェフのチキンブレストレシピ
作　　　者	荻野伸也
譯　　　者	林美琪

總　編　輯	王秀婷
責 任 編 輯	張成慧
版　　　權	張成慧
行 銷 業 務	黃明雪

發　行　人	凃玉雲
出　　　版	積木文化
	104 台北市民生東路二段 141 號 5 樓
	電話：(02) 2500-7696 ｜ 傳真：(02) 2500-1953
	官方部落格：www.cubepress.com.tw
	讀者服務信箱：service_cube@hmg.com.tw
發　　　行	英屬蓋曼群島商家庭傳媒股份有限公司城邦分公司
	台北市民生東路二段 141 號 11 樓
	讀者服務專線：(02) 25007718-9 ｜ 24 小時傳真專線：(02) 25001990-1
	服務時間：週一至週五 09:30-12:00、13:30-17:00
	郵撥：19863813 ｜ 戶名：書蟲股份有限公司
	網站：城邦讀書花園 ｜ 網址：www.cite.com.tw
香港發行所	城邦（香港）出版集團有限公司
	香港灣仔駱克道 193 號東超商業中心 1 樓
	電話：+852-25086231 ｜ 傳真：+852-25789337
	電子信箱：hkcite@biznetvigator.com
馬新發行所	城邦（馬新）出版集團 Cite (M) Sdn Bhd
	41, Jalan Radin Anum, Bandar Baru Sri Petaling,
	57000 Kuala Lumpur, Malaysia.
	電話：(603) 90578822 ｜ 傳真：(603) 90576622
	電子信箱：cite@cite.com.my

| 美 術 設 計 | 陳品蓉 |
| 製 版 印 刷 | 上晴彩色印刷製版有限公司 |

國家圖書館出版品預行編目 (CIP) 資料

低烹、嫩煎、醃漬、酥炸、燉煮，主廚
特製增肌減脂雞胸肉料理 / 荻野伸也著；
林美琪譯. -- 初版. -- 臺北市：積木文化
出版：家庭傳媒城邦分公司發行, 2018.09
　面；　公分
譯自：アスリートシェフのチキンブレス
トレシピ
ISBN 978-986-459-151-0(平裝)

1. 肉類食譜

427.221　　　　　　　　　107013715

日文原書協力人員
攝影　天方晴子
設計　渡辺慧
編輯　佐藤順子

Athlete chef no Chicken Breast Recipe
©2016 Shinya Ogino
Chinese translation rights in complex characters arranged with
SHIBATA PUBLISHING Co., Ltd.
through Japan UNI Agency, Inc., Tokyo

2018 年 9 月 11 日 初版一刷
2020 年 5 月 20 日 初版四刷
售　　價　380 元
I S B N　978-986-459-151-0

Printed in Taiwan.